上海市工程建设规范

建筑幕墙设计文件编制深度标准

Standard for establishment of design document of building curtain wall

DG/TJ 08—2327—2020
J 15296—2020

主编单位:上海建瓴工程咨询有限公司
　　　　上海市建设工程设计文件审查管理事务中心
　　　　上海市装饰装修行业协会
批准部门:上海市建筑建材业市场管理总站
施行日期:2021年1月1日

U0349715

同济大学出版社

2020　上海

图书在版编目(CIP)数据

建筑幕墙设计文件编制深度标准 / 上海建瓴工程咨
询有限公司,上海市建设工程设计文件审查管理事务中心,
上海市装饰装修行业协会主编. –上海:同济大学出版
社,2020.10

ISBN 978-7-5608-9519-2

Ⅰ.①建… Ⅱ.①上… ②上… ③上… Ⅲ.①幕墙–
建筑设计–文件–编制–标准–上海 Ⅳ.①TU227-65

中国版本图书馆 CIP 数据核字(2020)第 178978 号

建筑幕墙设计文件编制深度标准

上海建瓴工程咨询有限公司
上海市建设工程设计文件审查管理事务中心 **主编**
上海市装饰装修行业协会

策划编辑 张平官
责任编辑 朱 勇
责任校对 徐春莲
封面设计 陈益平

出版发行 同济大学出版社 www.tongjipress.com.cn
(地址:上海市四平路 1239 号 邮编:200092 电话:021 – 65985622)

经 销 全国各地新华书店
印 刷 浦江求真印务有限公司
开 本 889mm×1194mm 1/32
印 张 1.25
字 数 34 000
版 次 2020 年 10 月第 1 版 2020 年 10 月第 1 次印刷
书 号 ISBN 978-7-5608-9519-2
定 价 15.00 元

上海市住房和城乡建设管理委员会文件

沪建标定〔2020〕418 号

上海市住房和城乡建设管理委员会
关于批准《建筑幕墙设计文件编制深度标准》
为上海市工程建设规范的通知

各有关单位：

由上海建瓴工程咨询有限公司、上海市建设工程设计文件审查管理事务中心、上海市装饰装修行业协会主编的《建筑幕墙设计文件编制深度标准》，经我委审核，现批准为上海市工程建设规范，统一编号为 DG/TJ 08—2327—2020，自 2021 年 1 月 1 日起实施。

本规范由上海市住房和城乡建设管理委员会负责管理，上海建瓴工程咨询有限公司解释。

特此通知。

上海市住房和城乡建设管理委员会
二〇二〇年八月十三日

前　言

根据上海市城乡建设和交通委员会(现上海市住房和城乡建设管理委员会)《关于印发〈2015年上海市工程建设规范编制计划〉的通知》(沪建管〔2014〕966号),由上海建瓴工程咨询有限公司、上海市建设工程设计文件审查管理事务中心及上海市装饰装修行业协会会同本市相关幕墙企业,科研、设计单位及管理部门组成编制组,完成本标准编制。

在本标准编制过程中,编制组总结了《建筑工程设计文件编制深度规定》(2016年版)和现行上海市工程建设规范《建筑幕墙工程技术标准》DG/TJ 08—56等相关幕墙标准的实践经验和研究成果,开展调查研究工作,广泛征求意见,与相关标准进行协调,经多次座谈、讨论、审核、审查后报批定稿。

本标准主要内容包括:总则、基本要求、方案设计、初步设计、施工图设计和附录A。

各单位及相关人员在执行本标准时,请注意总结经验、积累资料,将有关意见和建议反馈至上海市住房和城乡建设管理委员会(地址:上海市大沽路100号;邮编:200003;E-mail:bzgl@zjw.sh.gov.cn)、《建筑幕墙设计文件编制深度标准》编制组(地址:上海市古北路1699号1501室;邮编:201103;E-mail:bz@jzmq.com.cn),或上海市建筑建材业市场管理总站(地址:上海市小木桥路683号;邮编:200032;E-mail:bzglk@zjw.sh.gov.cn),以供今后修订时参考。

主　编　单　位:上海建瓴工程咨询有限公司

上海市建设工程设计文件审查管理事务中心

上海市装饰装修行业协会

参 编 单 位：上海美特幕墙有限公司

正兴建设集团股份有限公司

上海江河幕墙系统工程有限公司

上海玻机智能幕墙股份有限公司

上海市建筑装饰工程集团有限公司

上海旭博建筑装饰工程有限公司

五矿瑞和(上海)建设有限公司

上海华艺幕墙系统工程有限公司

普利兹希金幕墙设计咨询(上海)有限公司

主要起草人：孙玉明　梁淑萍　朱齐飞　金志强　陆家明

阮蓓旎　顾秀平　潘延平　周翔宇　曹　莹

张红缨　陈云涛　徐恩凯　鲍晓平　李　江

高国庆　崔鹏峰　陈庆丰　李慎尧　龙腾斌

付　刚　林　锋

主要审查人：张凤新　陆津龙　汪　崖　钱　洁　陈　峻

陆秀丽　刘庆刚

上海市建筑建材业市场管理总站

目　次

Contents

1 总　则

1.0.1　为规范本市建筑幕墙工程设计文件的编制,保证各阶段设计文件的质量和完整性,特制定本标准。

1.0.2　本标准适用于本市新建、改建、扩建和立面改造建筑幕墙工程设计文件编制。

1.0.3　建筑幕墙工程设计宜按方案设计、初步设计和施工图设计三个阶段进行。

1.0.4　建筑幕墙工程设计文件的编制,除应符合本标准规定外,尚应符合国家、行业和本市现行有关标准的规定。

2 基本要求

2.0.1 建筑幕墙设计应根据建筑设计的要求,以国家、行业和地方现行有关规范、标准为依据编制设计文件。

2.0.2 建筑幕墙设计宜根据方案设计、初步设计和施工图设计三个不同阶段的实际状况确定相应内容,并符合下列要求:

    1 方案设计应按建筑设计要求编制幕墙设计方案,并达到向规划部门送审的要求。

    2 初步设计应在批准的方案设计基础上,根据设计任务书进行深化,并为编制工程投资概算提供依据。

    3 施工图设计应根据相关部门的批复、建筑设计文件、合同等对初步设计文件进行全面深化,为建筑幕墙工程材料选购、加工制作、安装施工、竣工验收、维护维修等全过程提供依据。

2.0.3 各阶段设计文件内容应完整齐全,文字说明和图纸均应简洁、准确表达。

2.0.4 采用装配式混凝土结构的工程,应提供装配式构件埋件设计相关要求。

2.0.5 建筑幕墙结构安全性报告应按附录 A 要求编制。

3 方案设计

3.1 一般规定

3.1.1 建筑幕墙设计应根据设计任务书对幕墙设计类型、材料选用和立面效果提出设计方案，满足建筑设计要求。

3.1.2 设计文件应包括封面、目录、设计说明、设计图纸和建筑幕墙工程投资估算等。

3.2 设计说明

3.2.1 工程概况应包括工程名称、工程地点、建设单位名称、建筑设计单位名称、建筑面积、建筑功能、建筑高度、幕墙面积、建筑层数、各楼层层高、结构类型、幕墙高度、幕墙类型、幕墙设计使用年限及幕墙与周边环境的协调性等。

3.2.2 设计依据应包括工程项目相关批文，国家、行业和地方现行有关规范、标准、建筑设计要求等。

3.2.3 幕墙选型应包括幕墙类型和分布、主要幕墙系统和材料的选用、幕墙的主要性能参数及幕墙工程投资估算等，还应根据设计任务书和相关规定对节能等提出要求。

3.3 设计图纸

3.3.1 总平面图中的工程所处位置和相邻道路及建筑物应在同一平面图中标示清楚。

3.3.2　效果图应从不同角度体现建筑幕墙的立面效果。

3.3.3　立面图应包括建筑物各方向的正视图,标出各主要部位的标高和各类幕墙分布,反映出设计意图和效果。

4 初步设计

4.1 一般规定

4.1.1 设计文件应依据国家、行业和地方现行有关规范、标准确定幕墙各项技术参数和体系设计。

4.1.2 设计文件内容包括封面、目录、设计说明、设计图纸、结构计算和主要构件材料信息及工程投资概算等。

4.2 设计说明

4.2.1 设计说明应包括工程概况、设计依据、幕墙设计参数及物理性能指标、幕墙系统概述、主要材料选用、幕墙防火及防雷设计、幕墙安全防护措施等。

4.2.2 工程概况应包括工程地点、建筑功能、主体结构体系及设计简况等。

4.2.3 设计依据应包括国家、行业和地方现行有关规范、标准、建筑和结构设计文件等。

4.2.4 设计参数应包括工程所在地区抗震设防烈度、基本风压、基本雪压、地面粗糙度类别、幕墙设计使用年限等内容,以及建筑幕墙水密性能、气密性能、抗风压性能、平面内变形性能等物理性能指标。

4.2.5 幕墙系统概述应说明幕墙系统选型,应针对建筑幕墙的技术重点和难点以及幕墙系统的安全性、可行性及耐久性进行阐述。

4.2.6 主要材料选用应包括建筑幕墙系统主要受力构件(包括面板及连接件)的相关信息。

4.2.7 幕墙防火及防雷设计应包括建筑耐火等级、建筑防火设计中的消防喷淋设置情况、幕墙层间防火要求、消防救援窗的分布情况及玻璃配置等,幕墙防雷设计应包括建筑防雷分类、防雷系统概述等。

4.2.8 幕墙安全防护措施应包括建筑幕墙面板防坠落措施、防撞击安全措施以及安全玻璃的使用和玻璃防自爆坠落措施等。

4.3 设计图纸

4.3.1 设计图纸应包括目录、立面图、平面图、剖面图、幕墙大样图、节点图等。设计图纸应选取合理的绘图比例清晰绘制,并应符合相关国家建筑结构制图标准要求。

4.3.2 效果图应能清晰、明确表达建筑各外立面所表述的幕墙设计效果。

4.3.3 立面图应能清晰、明确表达不同幕墙系统的设计效果,标注楼层标高、层高、立面分格尺寸、开启窗、消防救援窗、幕墙大样索引等。

4.3.4 平面图应包括各层幕墙平面图,表述幕墙与主体结构之间的关系、标注建筑幕墙水平分格尺寸、平面所在楼层、标高、变形缝位置、防火分区划分等。

4.3.5 剖面图应表达幕墙在不同标高及楼层的空间关系,标注各楼层标高、建筑物的高度、各部位幕墙标高;反映幕墙与主体结构、内外装饰之间的相对关系。

4.3.6 幕墙大样图应对应幕墙立面图,表达各幕墙系统典型部位及特殊部位大样图示。

4.3.7 幕墙节点图应标注各类材料及构件的名称、材质、规格、尺寸、壁厚、间距等信息。

4.4 结构计算

4.4.1 幕墙结构计算应按国家、行业和地方现行有关规范、标准进行,应优先引用规范公式计算,计算书中的文字和插图应清晰明确、条理分明。

4.4.2 当采用软件计算时,应采用经过国家专业机构鉴定认可的软件,并明确软件名称、版本号。

4.4.3 计算书应按最不利条件对主要受力构件进行计算。

4.4.4 计算书的输入、输出信息应包括计算模型、边界条件、构件截面参数、荷载取值、荷载组合、内力图、应力比、变形位移及支座反力等。

5 施工图设计

5.1 一般规定

5.1.1 建筑幕墙施工图设计文件应依据主体建筑结构施工图进行编制。

5.1.2 设计文件的内容和深度应能满足制定施工方案、幕墙施工深化、加工制作、施工安装、性能检测、编制工程预算等要求。

5.1.3 改扩建及立面改造建筑幕墙工程,应根据工程检测报告、原建筑工程设计文件及改扩建建筑结构图进行幕墙施工图设计。

5.1.4 施工图和设计变更应作为编制竣工图的依据。

5.1.5 设计文件应包括封面、目录、设计说明、设计图纸、结构计算、热工计算等。

5.2 设计说明

5.2.1 设计说明应包括工程概况、设计依据、幕墙系统概述、幕墙设计参数、物理性能指标、幕墙防火及防雷设计、幕墙结构设计、幕墙热工设计、幕墙安全防护措施、幕墙清洗维护及维修更换要求、幕墙加工制作及施工安装技术要求、与幕墙相关联的其他专业设计说明、幕墙性能测试要求等内容。

5.2.2 工程概况应包括以下内容:

    1 工程名称、工程地点、建设单位、建筑设计单位全称。

    2 工程所属各建筑单体的建筑功能、建筑面积、平面外包尺寸、建筑房屋高度、层数及各层层高、结构类型、建筑耐火等级等。

3 幕墙类型、各类型幕墙分布范围及面积、幕墙工程标高、幕墙总面积等。

4 建筑结构安全度等级、抗震设防烈度、基本风压、基本雪压、地面粗糙度类别等。

5 涉及装配式混凝土结构的工程,应在结构类型中特别说明。

5.2.3 设计依据应包含以下内容:

1 有关部门的批复意见书。

2 国家、行业和地方现行有关规范、标准。

3 主体建筑、结构设计文件。

4 涉及政府要求安全性及光反射环境影响评审论证的工程,应提供相关论证报告。

5 涉及相关技术规范、标准规定要求的风洞试验报告。

6 改扩建及立面改造幕墙工程应提供工程检测报告。

5.2.4 幕墙系统概述应包含以下内容:

1 应分系统阐述幕墙类型与设计难点及要点、表述面板类型及最大分格尺寸、装饰线条、背衬板、幕墙面板及龙骨型材的支承条件和传力路径、层间防火封堵等内容。

2 开启扇类型、启闭形式、开启角度及连接构造。

3 消防救援窗的分布、面板类型及分格尺寸。

4 涉及防火幕墙的工程,应明确防火幕墙的具体分布及相关要求。

5.2.5 幕墙设计参数及物理性能指标应包含以下内容:

1 工程所在地区抗震设防烈度、基本风压、基本雪压、地面粗糙度类别等。

2 建筑幕墙水密性能、气密性能、抗风压性能、平面内变形性能、空气隔声性能、耐撞击性能等物理性能指标。

3 透明幕墙传热系数及遮阳系数、非透明幕墙传热系数等热工性能指标。

4 透明面板的可见光透射率及可见光反射率、非透明面板的构造组成及表面处理技术要求等。

5 建筑幕墙玻墙比、幕墙窗墙比等。

5.2.6 主要材料物理性能应包含以下内容：

1 幕墙支承构件的材质（钢或铝合金）、型材种类、颜色、规格、壁厚、涂装要求、主要物理性能参数及技术要求等。

2 幕墙面板的种类、颜色、规格、主要物理性能参数及技术要求等，如玻璃面板、石材面板、金属面板、人造面板、复合面板等。

3 金属连接件、紧固件及各类附件的材质、颜色、规格、涂装要求等，如压板、扣板、连接件、转接件、挂件、螺钉、螺栓螺帽、托条、角码等。

4 结构胶、建筑密封材料的种类、性能、主要物理性能参数及技术要求等。

5 防火和保温材料的材质、规格、密度、燃烧性能等级等。

6 其他材料的材质、规格等，包括玻璃支承垫块、不同金属材料接触面设置的绝缘隔离垫片、断热型材的隔热条等。

7 涉及防火幕墙的工程，应提供防火幕墙相关钢构件的防火涂层要求。

8 涉及新材料使用的工程，应提供新材料主要物理性能参数及技术要求。

5.2.7 幕墙防火及防雷设计应包含以下内容：

1 幕墙防火设计应明确建筑耐火等级、建筑防火设计中的消防喷淋设置情况、幕墙层间及建筑平面防火分区交界处的幕墙防火封堵构造、幕墙面板及其背后填充材料的燃烧性能等级、消防救援窗的分布情况及玻璃配置、消防排烟窗的设置情况等。

2 涉及防火幕墙的工程，应对防火幕墙构造做法、燃烧性能、耐火极限、防火保护层的设置进一步说明，必要时应提供相关材料耐火性能检测报告。

3 幕墙防雷设计应明确建筑防雷分类、防雷系统节点分布情况及构造等。

4 涉及幕墙高度超过现行相关规范规定高度的工程或幕墙构造复杂、有特殊要求时,宜提供雷击风险评估报告。

5.2.8 幕墙结构设计应包含以下内容:

1 设计使用年限包括幕墙设计使用年限及其支承结构设计使用年限。

2 设计基本参数包括抗震设防类别、设计基本地震加速度、地面粗糙度类别、基本风压、基本雪压、风荷载体型系数等。

3 设计依据包括结构计算相关设计规范及标准。

4 材料性能包括相关材料及连接的力学性能,如玻璃、石材、铝合金、钢材、硅酮结构胶、焊缝、不锈钢螺栓等。

5 荷载取值包括自重荷载、雪荷载、风荷载、温度作用、地震荷载和施工荷载等。

6 荷载工况组合包括承载力极限状态和正常使用极限状态的荷载工况组合。

7 挠度控制要求包括幕墙面板及其支承构件的相对挠度和绝对挠度控制要求。

8 计算简图包括幕墙面板及其支承体系(立柱、横梁、钢构架、钢拉索、钢拉杆等)的计算模型和边界条件。

9 预埋件及后置埋件的技术要求包括锚板、锚筋、机械锚栓、化学锚栓材质、力学性能取值、构造要求、表面处理要求等。装配式混凝土结构工程、改扩建工程,应对预埋件及后置埋件提出针对性的技术要求。

10 焊接技术要求包括焊缝等级、类型、规格、尺寸、力学性能取值、质量保证措施等。

11 幕墙结构材料的防腐措施包括金属构件的表面涂装性能、涂层厚度、质量要求、构造要求、使用环境等,钢构件应另提供除锈等级要求。

12 对国家、行业和地方现行有关规范、标准中尚未涉及而又需计算（或验算）的内容，应详细提供所采用的计算软件、引用的计算公式、数据的来源或依据等。

5.2.9 幕墙热工设计应包含以下内容：

1 透明幕墙应明确面板及框材的组成形式及相关热工性能参数。

2 非透明幕墙应明确面板、保温材料、墙体基材组成形式及相关热工性能参数。

3 涉及遮阳要求的透明幕墙，应明确遮阳措施设置方式和要求。

5.2.10 幕墙安全防护措施应包含以下内容：

1 安全玻璃的使用、落地玻璃的安全防护措施、防止钢化玻璃自爆坠落措施、玻璃面板防撞措施（本条仅适用于玻璃幕墙）。

2 防止幕墙面板坠落伤人的措施。

5.2.11 幕墙清洗维护及维修更换要求应包含以下内容：

1 幕墙清洗方式、蜘蛛人吊点或擦窗机轨道设置要求、清洗安全措施等说明。

2 幕墙日常维护要求。

3 幕墙维修更换方式及安全措施。

5.2.12 幕墙加工制作及施工安装技术要求应包含以下内容：

1 幕墙加工制作技术要求：包括金属构件、金属面板、玻璃面板、石材及其他面板的加工要求及构件组装要求；工程如涉及特殊构件的加工制作或特殊工艺的应用，应进行针对性说明。

2 幕墙施工安装技术要求：包括吊装、基层处理、安装顺序、安装精度、注胶、与土建及设备专业施工配合等要求；工程如涉及拉索幕墙，应对施工过程中的拉索应力控制予以明确。

5.2.13 幕墙与其他专业对接设计说明

涉及立面 LOGO、广告位、LED 屏、灯光布置等工程，应对其与幕墙交界面处构造及技术要求进行分别说明。

5.2.14 幕墙性能测试要求应选取幕墙典型部位及特殊部位,明确各项性能指标参数、荷载工况、边界条件,为后期编制幕墙性能模拟检测专项文件提供依据。

5.3 设计图纸

5.3.1 设计图纸包括建筑效果图、建筑各立面幕墙系统分布图、幕墙立面图、平面图、大样图、节点图、防火及防雷设计图、幕墙清洗装置设计图、埋件图、型材表等。

5.3.2 设计图纸均应选取合理的绘图比例,确保清晰阅读,并应符合相关建筑及建筑结构制图标准。

5.3.3 幕墙立面图、平面图、大样图、埋件布置图均应清晰标注轴线号。

5.3.4 建筑效果图应与主体建筑图及幕墙图相一致,应能清晰、全面表达工程建筑各个外立面所表述的幕墙设计效果。

5.3.5 幕墙立面图应符合以下要求:

1 建筑各立面幕墙系统分布图应在立面图中表达区分不同幕墙系统,并备注材料图例说明。

2 应准确标注楼层标高、层高、立面分格尺寸、开启窗、消防救援窗等。

3 应标注幕墙大样索引,大样索引应包含所有不同大样类型,包括标准部位、特殊部位、复杂部位、与其他立面(LOGO、广告位、LED屏、灯光布置等)交界部位以及玻璃雨篷、采光顶、玻璃栏板等相关大样。

4 转折较多且造型复杂的立面,应绘制立面展开图,在转折位置注明转折线及转折角度等信息。

5.3.6 幕墙平面图应符合以下要求:

1 应以建筑平面图为基准进行绘制,图纸应准确表达主体结构柱、墙布置及楼板外轮廓线,标注幕墙与主体结构之间的关系。

    2 应标注平面所在楼层、标高、变形缝位置及宽度、防火分区划分。

    3 应标注幕墙类型、分格尺寸,幕墙大样索引。

5.3.7 幕墙大样图应符合以下要求:

    1 应标注楼层标高、层高、幕墙类型及分格尺寸、开启门窗类型及尺寸、消防救援窗尺寸等。

    2 应提供幕墙大样的横剖图、竖剖图,标注剖切位置并准确表达主体柱、墙、梁构件、楼板边界线、建筑内部隔墙布置及吊顶设置等。

    3 应包括所有不同幕墙类型的顶底、中间、边界及衔接区域等横剖竖剖节点索引(区分墙面、墙角边或其他突出部位),涵盖幕墙横梁、立柱连接构造、幕墙构件与主体结构连接构造、装饰线条连接构造、开启门窗连接构造、开启窗开启角度及五金件布置、消防救援窗节点构造、不同类型幕墙交界处节点构造、变形缝处节点构造、与其他(LOGO、广告位、LED 屏、灯光布置等)交界部位节点构造等。

    4 涉及幕墙设计范围支承钢结构的工程,如雨篷、采光顶、支承构架等,应在大样图中明确注明,并提供钢结构布置图及节点设计图。

5.3.8 幕墙节点图应符合以下要求:

    1 应标注各类材料及构件(包括面板、横梁、立柱、转接件及紧固件、焊缝、硅酮结构胶及密封胶、填充材料等)的材质、名称、规格、尺寸、壁厚、间距等信息。

    2 特殊或复杂工程时,应提供三维模型图或装配图进行辅助说明。

5.3.9 防火及防雷设计图应符合以下要求:

    1 防火设计图应提供幕墙层间及建筑平面防火分区交界处的幕墙防火封堵构造做法。

2 涉及防火幕墙的工程,应提供防火幕墙节点构造。

3 防雷设计图应提供防雷网格布置图及防雷节点图。

5.3.10 幕墙清洗装置设计图应符合以下要求:

1 蜘蛛人挂点或擦窗机轨道布置图。

2 清洗装置示意图、结构布置图及节点图。

5.3.11 埋件图应符合以下要求:

1 应包括埋件布置图和埋件加工图。

2 埋件布置图应以结构平面图为基准进行绘制,标识埋件类型、定位尺寸,不同类型及不同部位埋件均应提供剖面示意;剖面图应标注埋件定位尺寸及标高、埋件与主体结构的相互关系。

3 埋件加工图应标注埋件类型、组成(锚板、锚筋、机械锚栓或化学锚栓)、材质、规格、尺寸、表面处理技术要求、焊接方式、焊缝类型、焊缝等级及尺寸等信息。

5.3.12 型材截面图应符合以下要求:

1 应以表格形式表达。

2 应表述所有铝合金型材或钢型材的类型、密度、截面、厚度、涂装要求等信息。

3 应表述扣板、连接件、转接件、挂件、托条、角码等附件相关信息。

5.4 结构计算

5.4.1 幕墙结构计算应按国家、行业和地方现行有关规范、标准进行,内容应完整齐全,所有受力构件计算应优先采用规范公式计算,各项计算应按实际传力路径计算,条理清楚,文字和插图表达应清晰。

5.4.2 对国家、行业和地方现行有关规范、标准中尚未涉及而又需验算的内容,应详细提供所引用公式、数据依据。

5.4.3 结构计算书中,应绘出幕墙计算单元示意图、剖面图及计算简图,列出起控制作用部位的风荷载取值及荷载或内力组合值,明确传力路径。

5.4.4 当采用软件计算时,应采用经过国家专业机构鉴定认可的软件,并注明软件名称及版本号。计算书的输出应包括计算模型、边界条件、构件截面参数、荷载信息、荷载组合、内力图、应力比、变形位移及支座反力等。复杂结构体系宜采用两种不同结构分析软件进行对比分析。

5.4.5 结构计算书除应对具有代表性的受力构件和连接节点进行必要的计算外,尚应对分格尺寸大、层高高、承受荷载大、外立面特殊及处于不利受力状况的构件和连接节点逐项进行详细计算。

5.4.6 构件式幕墙计算内容:

   1 应对各类幕墙面板、支承构件、连接构件等进行强度及刚度计算;当幕墙采用开放式系统时,内侧封闭板应补充计算。

   2 幕墙立柱应根据实际受力和支承条件,进行各项荷载工况下的内力计算,并验算其强度及挠度;承受轴压力和弯矩作用的立柱,应计算其在弯矩平面内、外的稳定性,且应进行长细比、截面宽厚比校核计算。

   3 钢铝组合立柱应按实际受力条件进行计算分析。

   4 位于转角或平面突变处的立柱,应考虑最不利荷载作用组合,对立柱进行强、弱轴方向的强度和挠度计算。

   5 大跨度立柱、T型钢、钢板梁柱应进行稳定性验算。

   6 横梁应根据面板及装饰构件传递的荷载和横梁支承条件计算其平面内外弯矩及剪力,并验算其强度和变形。

   7 固定面板的压板强度、压块及紧固螺钉布置间距均应进行计算复核。

   8 硅酮结构密封胶应根据不同受力情况进行承载力极限状态计算,隐框和半隐框系统应对中空玻璃二道硅酮结构密封胶尺寸进行计算。

5.4.7 单元式幕墙计算内容：

1 应对单元幕墙系统主要受力构件进行强度及挠度计算。

2 采用插接式组合构件的单元幕墙,组合构件间不能满足协同变形条件时,应对公、母立柱单独进行计算。

3 单元式幕墙应对插接、对接接缝进行计算,单元板块间的过桥型材应计算其强度和刚度。

5.4.8 幕墙系统连接构造计算内容：

1 应对幕墙系统横梁与立柱的连接螺栓、焊缝及连接件进行计算,对外挑装饰线条与幕墙立柱、横梁连接节点承载力进行计算。

2 当螺钉直接与构件截面连接时,构件截面连接处的壁厚应经强度验算,壁厚小于螺钉直径时,应校核螺纹受力。

3 明框幕墙应对立柱、横梁连接节点玻璃与边框间隙进行验算;隐框幕墙应对立柱、横梁连接节点结构胶厚度进行计算。

4 应对幕墙立柱与主体结构的连接螺栓、转接件、焊缝等进行计算。

5.4.9 全玻璃、点支承玻璃幕墙计算内容：

1 全玻璃幕墙应根据实际受力对玻璃肋及面板进行强度及刚度计算;高度大于 8 m 的玻璃肋宜进行平面外的稳定验算,高度大于 12 m 的玻璃肋应进行平面外稳定验算。

2 采用胶缝传力的全玻璃幕墙,应对胶缝承载力进行计算;采用金属件连接的玻璃肋,应对连接件截面进行受弯和受剪承载力计算,并应对接头连接螺栓受剪和玻璃孔壁承压进行计算。

3 全玻璃幕墙应对吊挂玻璃的支撑构架进行承载力和变形计算,并对吊夹承载力进行计算。

4 点支承玻璃幕墙的支承结构应单独计算,玻璃面板不应兼做支承结构的一部分;驳接爪件应补充其径向及轴向承载力计算。

5.4.10 索网、索杆、钢桁架支承幕墙应按相关规范要求进行其承载力和变形计算。

5.4.11 其他计算内容：

1 应对幕墙系统与主体结构连接的预埋件、后置埋件及槽式埋件进行计算。

2 幕墙外挑装饰线条、遮阳板等应按突出构件进行承载力及变形计算。

3 采光顶、雨篷面板应按最不利工况计算其强度及挠度，跨度较大玻璃采光顶、悬挑长度较大的玻璃雨篷应按支承结构实际变形计算玻璃板缝间隙。

4 开启窗的框扇型材、组角码件等均应计算校核；当开启窗采用悬挂式连接时，应计算开启扇托钩及挂钩的强度及变形，被悬挂的上横梁尚应校核重力作用下的挠度；采用多点锁时，应对开启扇的锁点布置、滑撑、铰链进行计算。

5 护栏计算应包括护栏立杆、横向扶手、护栏面板及其相关连接计算。

5.5 热工计算

5.5.1 幕墙热工计算应按国家、行业和地方现行有关规范、标准进行，引用公式应正确，计算内容应完整，计算结果应符合建筑设计的节能要求。

5.5.2 透明幕墙应计算整体传热系数、可见光透射比，并进行抗结露计算。

5.5.3 非透明幕墙应计算整体传热系数。

5.5.4 设置遮阳措施的透明幕墙，应计算整体遮阳系数。

附录 A 建筑幕墙结构安全性报告编制要求

A.1 一般规定

A.1.1 应根据政府部门相关批复文件、设计任务书和建设单位的委托对建筑幕墙工程进行结构安全性报告的编制。

A.1.2 建筑幕墙结构安全性报告（以下简称安评报告）应由具有幕墙设计资质的单位负责编制。

A.1.3 安评报告宜达到施工图设计阶段的深度要求。

A.1.4 安评报告应包含封面、扉页、目录、建筑效果图、设计说明、与建筑幕墙相关的主体建筑和结构图、幕墙设计图、幕墙结构计算书等，并装订成册。

A.1.5 安评报告扉页内容应包含工程名称、建设单位、主体设计单位、幕墙设计单位名称，并加盖主体单位工程设计资质印章和幕墙设计资质专用章；主体设计单位的建筑、结构专业负责人签名及注册印章；幕墙设计单位项目负责人、技术负责人签名等。

A.1.6 对新材料的应用应提供法定检测结果，采用新技术应有试验数据和专项论证意见。对改扩建工程应提供必要的检测报告。

A.2 设计说明

A.2.1 设计说明应包括工程概况、建筑幕墙概况、设计依据、幕墙系统类型、材料选型、防火设计、防雷设计、安全措施、清洗措施、幕墙结构设计说明、幕墙信息附表等内容。

A.2.2 幕墙类型应包括幕墙各系统的设计特点、幕墙的物理性能指标等内容。

A.2.3 幕墙结构设计说明应包括设计使用年限、设计基本参数、设计依据、材料力学性能取值、荷载取值、荷载工况组合、挠度控制要求、计算简图、预埋件及后置埋件的技术要求、幕墙结构材料的防腐措施等内容。

A.2.4 幕墙信息附表应包括所有不同系统中及不同类型的幕墙板块和主次受力杆件(包括转角立柱)的相关信息。

A.2.5 对幕墙系统的选型和设计构思应有系统性说明,阐述幕墙设计的难点和特点,对重点部位的构造设计提出可行性、安全性的阐述。

A.2.6 对采用超出规范或特殊连接构造形式的幕墙设计方案,应进行相关试验研究,提供试验成果,并对其可行性和安全措施详细说明。

A.2.7 改扩建工程应对原主体结构及建筑幕墙情况进行说明;对采用的后置埋件应有详细的说明和技术要求。

A.2.8 采用装配式混凝土结构的工程,对装配式构件的范围、类型、预埋件设置方式及精度控制、工厂制作偏差的现场补救措施、后置埋件等应有详细的说明及技术要求。

A.3 设计图纸

A.3.1 设计图纸应包括建筑效果图,建筑总平面图,建筑平、立、剖面图及结构图,幕墙设计图等。

A.3.2 幕墙设计图应包括建筑各立面幕墙系统分色图、幕墙平面图、幕墙立面图、幕墙大样图、幕墙节点图、幕墙埋件图、幕墙功能节点图等。特殊或复杂工程,应提供三维模型图或装配图进行辅助说明。

A.3.3 应在幕墙立面图中清晰、明确表达项目论证的内容和范围,并对与建筑幕墙相关联的边界、衔接区域等非论证范围提供相关图纸和技术说明。

A.3.4 幕墙功能节点图应包括层间防火封堵节点图、防雷网格布置图及节点图、幕墙清洗装置布置图及节点图等。

A.3.5 改扩建工程如采用后置埋件,应提供后置埋件布置图、与主体结构连接构造节点图、埋件加工图等。

A.3.6 装配式混凝土结构工程应提供与预制构件相匹配的埋件布置图、埋件节点图、埋件加工图等;配合工厂制作偏差的现场补救措施,尚应提供后置埋件节点图及加工图。

A.4 结构计算

A.4.1 计算书应明确工程所在地的地面粗糙度类别、抗震设防烈度、基本风压、基本雪压、体型系数、温差幅度、荷载取值、荷载工况组合、位移控制信息等基本计算参数。输出内容应包括计算模型、约束条件、构件截面参数、荷载信息、荷载组合、内力图、应力比、变形图及支座反力等。

A.4.2 应优先采用标准及规范中计算公式进行计算;当采用有限元软件计算时,应采用经过国家专业机构鉴定认可的软件,并注明软件名称及版本号。

A.4.3 幕墙结构计算单元,应选取具有代表性的部位进行计算。

A.4.4 计算书内容及深度应符合下列要求:

    1 应对建筑幕墙系统主要受力构件进行强度及挠度计算。

    2 应对幕墙系统横梁与立柱的连接螺栓、角码、焊缝等进行计算,对外挑装饰线条与幕墙立柱、横梁连接节点承载力进行计算。

    3 应对幕墙立柱与主体结构的连接件、连接螺栓、焊缝进行计算;与主体结构直接相连的雨篷结构,应对连接节点进行计算。

    4 应对预埋件、后置埋件及槽式埋件进行计算。

    5 对大跨度立柱、T型钢、钢板梁柱以及高度大于 12 m 的玻璃肋应进行稳定性验算,转角立柱应补充弱轴方向的强度和挠度计算。

　　6　明框幕墙应对立柱、横梁连接节点玻璃与边框间隙进行验算,隐框幕墙应对立柱、横梁连接节点结构胶厚度进行计算。

　　7　单元式幕墙应对插接、对接接缝进行计算,单元板块间的过桥型材应计算其强度和刚度。

　　8　采用插接式组合构件的单元幕墙,组合构件间不能满足协同变形条件时,应对公、母立柱单独进行计算。

　　9　全玻璃幕墙应对吊挂玻璃的支撑构架进行承载力和变形计算,并对吊夹承载力进行计算。

　　10　采用胶缝传力的全玻璃幕墙,应对胶缝承载力进行计算;采用金属件连接的玻璃肋,应对连接件截面进行受弯和受剪承载力计算,并应对接头连接螺栓受剪和玻璃孔壁承压进行计算。

　　11　点支承玻璃幕墙应对驳接爪件的径向及轴向承载力进行计算。

　　12　型钢及钢管桁架支承结构应进行稳定性和强度验算,并对连接节点强度进行验算。

　　13　索杆桁架和索网支承结构应采用非线性方法进行计算,索杆结构的受压杆件应校核其长细比,复杂索结构体系应补充施工模拟计算,索杆桁架或索网与主体结构的连接计算应考虑主体结构的位移。

　　14　跨度较大的玻璃采光顶、悬挑长度较大的玻璃雨篷应按支承结构实际变形计算玻璃板缝间隙。

　　15　开启窗的框扇型材及主要连接件等均应进行校核计算。

本标准用词说明

1　为便于在执行本标准条文时区别对待,对于要求严格程度不同的用词说明如下:

1)表示很严格,非这样做不可的用词:
正面用词采用"必须";
反面用词采用"严禁"。

2)表示严格,正常情况下均应这样做的用词:
正面词采用"应";
反面词采用"不应"或"不得"。

3)表示允许稍有选择,在条件许可时首先应这样做的用词:
正面用词采用"宜";
反面用词采用"不宜"。

4)表示有选择,在一定条件下可以这样做的用词:
正面词采用"可";
反面词采用"不可"。

2　条文中指明必须按其他有关标准、规范或其他有关规定执行,写法为"应按……执行"或"应符合……要求(或规定)"。

上海市工程建设规范

建筑幕墙设计文件编制深度标准

DG/TJ 08—2327—2020
J 15296—2020

条 文 说 明

2020 上海

目　次

Contents

1 总 则

1.0.2 建筑幕墙是由面板和支承结构组成,相对于主体结构有一定位移能力,除向主体结构传递自身所受荷载外,不承担主体结构所受作用的建筑外围护体系。本标准所指建筑幕墙,包括玻璃幕墙、金属幕墙、石材幕墙、人造板材幕墙、复合板材幕墙以及由上述不同材料组合的幕墙,含分层支承的幕墙体系。

1.0.3 根据工程实际情况,方案设计及初步设计可根据项目规模及复杂程度单独实施或包含在相应阶段的建筑设计文件中。

5 施工图设计

5.1 一般规定

5.1.4 施工图设计文件应满足施工图出图要求,签署完整,并加盖建筑幕墙施工图设计出图专用章。

5.2 设计说明

5.2.3 根据《上海市建筑玻璃幕墙管理办法》(上海市人民政府令第 77 号)第九条:对采用玻璃幕墙的建设工程,建设单位应当在初步设计文件阶段,编制玻璃幕墙结构安全性报告,并提交建设行政管理部分组织专家论证;建设单位应当在施工图设计文件阶段,委托相关机构对玻璃幕墙的光反射环境影响进行技术评估,并提交环境保护行政管理部门组织专家论证。

5.3 设计图纸

5.3.7 幕墙支承钢结构如属于幕墙设计范围,幕墙设计单位应具备相应钢结构设计资质,应遵循相关钢结构设计规范,应提供钢结构布置图、节点设计图及结构计算书。

5.4 结构计算

5.4.11 由锚板和对称配置的锚固钢筋所组成的受力预埋件应按

现行行业标准《玻璃幕墙工程技术规范》JGJ 102 或现行国家标准《混凝土结构设计规范》GB 50010 的规定计算；槽式预埋件应按现行上海市工程建设规范《建筑幕墙工程技术标准》DGJ 08—56 的规定计算；后置埋件应按现行国家标准《混凝土结构加固设计规范》GB 50367 或现行行业标准《混凝土结构后锚固技术规程》JGJ 145 的规定计算。

附录 A 建筑幕墙结构安全性报告编制要求

A.1 一般规定

A.1.3 根据工程实际情况,特别对于非常规复杂项目,安评报告的编制可同时参照施工图设计阶段的深度要求。